Estampas de la Historia Lógico-Natural de Guipúzcoa

J. J. Merelo

DEDICATORIA

Dedicado a Loren Ipsum, que tanto ha inspirado a diseñadores y escritores, a la familia, a los escoceses, a los vascos, especialmente a los guipuzcoanos y a tantos locos geniales que no han pasado a la historia.

CONTENIDOS

PRÓLOGO

La Historia Lógico Natural la introdujo Benito Pérez Galdós en sus episodios nacionales, a través de un orate, Santiuste o Confusio, que escribió tal historia del país como debió haber sido, de forma lógico y natural, y no como efectivamente fue, la historia que conocemos.

Aprovechando la invitación de la sociedad Miguel de Aranburu de historiadores Guipuzcoanos para hablar, dentro del ciclo El renacimiento de una ciudad, de la historia de la ciencia y la técnica en este país, escribí este opúsculo que me servirá de introducción a lo que, efectiva y quizás desgraciadamente, sucedió, que está escrito en la historia y que no merece la pena repetir aquí.

Agradezco por tanto a Carlos Rilova no sólo la invitación a participar en este ciclo, sino también sus múltiples sugerencias, que me lanzaron en búsqueda de todo tipo de fuentes originales, de las cuales, afortunadamente, hay muchas. Y agradezco a Iker Armentia sus correcciones y sugerencias de buscar autores para cada una de las piezas, que me ha permitido descubrir a muchos personajes y además, atar el relato al autor mucho mejor de lo que estaba antes. Aparte de haberme llamado la atención sobre Zumalacárregui, que me ha permitido ver su papel clave en la historia de esa época.

Algunos libros han ayudado también. "How the Scots invented the modern world", sorprendentemente, me ha permitido establecer ciertos paralelismos que, de otra forma, no habría descubierto. Y por supuesto "Made in Spain", de Alberto Polanco Mesa, una gran labor de recuperación de todos esos *chalados y sus locos cacharros* que, desgraciadamente, no han configurado nuestro presente tanto como locos similares perfilaron el de otros países.

En cuanto a recursos online, las hemerotecas del Koldo Mitxelena y la enciclopedia Auñamendi, aunque fallaba con más frecuencia que las copias de revólveres americanos fabricadas en Eibar, que, en realidad, no fallaban nunca, han sido absolutamente imprescindibles y contienen las fuentes de todos los aciertos, y de ningún error, que haya podido cometer aquí.

1773, ESTAMPA 1: DESCUBRIMIENTO DEL VOLFRAM POR LOS HERMANOS ELHÚYAR. POR EL BACHILLER JOSEPH RAMOS DE MURÚA, DE VERGARA

Teniendo todo en consideración, el año 1783 ha sido un buen año para la química bascongada y, por ende, la hispana. En un año, dos nuevos y brillantes metales han sido añadidos a los anaqueles de los metalistas, joyeros y armeros: la platina y el, por falta de un mejor nombre, volfran.

Y todo ha sucedido en la misma cuadrilla, la de los Elhuyar y en la misma ciudad, Vergara, ciudad que sin duda pasará a los anales de la historia como la mayor pequeña ciudad del universo mundo, aunque no nos cabe duda que con estos y otros muchos descubrimientos acaecidos en las paredes del Real Seminario Patriótico Bascongado, la pequeña ciudad devenirá una gran, moderna y cosmopolita urbe que, al lado de San Sebastián, Edimburgo, Berlín y París, fulgurará en el universo de las grandes capitales europeas.

"Irurac, Bat", "los tres, uno", es el lema de esta Sociedad patriótica y son tres las estrellas que iluminan el firmamento filosófico natural: Francisco Chavano y los hermanos Fausto y Juan José Elhúyar, todos ellos nacidos fuera de este País pero tan patriotas como si se hubieran criado al seno ubérrimo de nuestro país bascongado en el que, de la misma manera, sí fueron nacidos los dos segundos. Y "las tres, una", las tres ciencias, la mineralogía, la química y la metalurgia, las que, siguiendo el aforismo que anima los trabajos de la sociedad bascongada, se han unido para originar los dos nuevos metales que Dios dio a la Humanidad, pero que a modo de profetas del progreso y de la Ciencia, Francisco, Juan José y Fausto han revelado a la misma.

Y "Lan Onari", "al buen trabajo", el otro lema de esta Sociedad que premia al que nuestro ya compatriota Chavano ha hecho en un laboratorio que, según el ilustre científico sueco Tunborg, nada tiene que envidiar a los de las lejanas y quizás más ricas ciudades Uppsala y Estocolmo. Pero tierras lejanas tienen problemas lejanos, y el talento de Chavano hizo que se aplicara a problemas cercanos, el de la shalda o caldo de carne que se le da a los enfermos, tratando de destilarlo hasta su esencia, que resulta finalmente la propia materia de los huesos, y en habiendo destilado esa esencia, puede separarse del agua y otros líquidos formando, quizás, unos polvos o gelatina que nuestros marinos y otros hombres de guerra podrán llevar en sus faltriqueras sin necesidad que de ellas sobresalgan grandes huesos de res pero con todo el fundamento y sustancia que en ellas se encuentran.

Y en habiendo obtenido la shalda o caldo, quizás cayó nuestro convecino Chavano en la necesidad de una cuchara para tomarlo con la elegancia y limpieza que son propias de un país civilizado como el nuestro, así que volvió su atención hacia ciertas piedras procedentes de Nueva Granada, en las colonias, piedras hechas de una sustancia llamada platina y que, a pesar de lo que dictaría el sentido común, eran consideradas una plaga por los mineros, porque amalgamadas con el oro, impedían, sin embargo, su extracción. Pero Chavano, como extrajo la esencia de la shalda, también extrajo el nuevo metal, llamado platino, de esa sopa que era la platina. Nuevo metal con el que pudo, finalmente, crear una cucharita que, por alguna razón, acabó en las manos del ilustre ciudadano sueco Tunborg.

Pero lo que quedó en las manos de su cuadrilla fue mucho más importante. Una cucharilla puedes distraerla entre los pliegues de una márraga, pero el conocimiento queda para siempre en el caletre, y los hermanos Elhúyar, habiendo absorbido ese conocimiento tanto de su amigo Chavano como de su aitacho, que destilaba los espíritus alcohólicos para crear espirituosos bebibles, lo aplicaron a otra piedra, el tungsteno o piedra dura, oscura, de color negro parduzco, según afirman en su "Análisis químico del volfram", publicado recientemente en los "Extractos" de la Sociedad, se extrae en diversas minas de todo el ancho mundo, pero todavía no en nuestro país. Lo que es pena, porque una vez aislado e identificado, no cabe duda que beneficiará a la industria y comercio, ambos quehaceres que, como nuestro compatriota Valentín Foronda afirma, tanto necesita nuestro país bascongado.

Y es a base de industria e ingenio como nuestros compatriotas Elhúyar, que lo son por ser lapurditarras pero también por el devenir de la historia que los ha convertido en vecinos de Vergara, como probando bien por la vía seca, bien por la vía húmeda, y tras muchos ensayos y pruebas, estas últimas incluyendo también el gusto, suponemos que lavado posteriormente con la shalda local, por no quedar el mal gusto que suponemos que tendrán estas piedras en el paladar más de lo conveniente, se ha obtenido todo un metal que, para mayor confusión de cristianos, se ha llamado de la misma forma que la piedra de la que se obtiene, volfram, cuando harri-astun habría sido un nombre más adecuado y más patriótico, si bien probablemente más duro en lenguas castizas.

Y una vez destilado, es maravilla conocer que, al igual que nuestros vecinos Elhuyar al formar cuadrilla con nuestro nuevo vecino Chavano han formado algo mejor y más fuerte que por separado, este volfram mezcla con el hierro para formar algo que es más duro que el hierro colado. Algo de lo que, sin duda, habrá tomado buena nota el rey nuestro señor mecenas del Seminario Patriótico de Bergara, cuya vida guarde Dios muchos años, para mejora y aprovisionamiento de la fusilería y artillería de nuestras bravas tropas y marinería y salvaguarda de sus preciadas vidas.

1832, ESTAMPA 2: SINTERIZACIÓN DEL WOLFRAMIO, POR EL ILLMO. TENIENTE CORONEL JOSÉ MARÍA DE ALAVA RODRÍGUEZ ALBURQUERQUE

Desde que en el año de nuestro señor de 1783 el Seminario Patriótico de Vergara diera a la humanidad dos nuevos metales, dos, desconocidos hasta entonces o confundidos con hierros o quincallas o menas diversas, Bergara sigue fulgurando en el firmamento de las capitales europeas, con todo el valle del Deba orbitando en su derredor como si de un sistema planetario se tratara.

Y eso sucedió porque el rey nuestro señor Carlos el Tercero de su nombre, monarca que lo fue por aquella época y que todo patriota extraña y reza a Nuestro Señor para que lo tenga en su gloria, inspirado quizás por el lema de la Sociedad Bascongada, "Los tres, uno", decidió mantener a la cuadrilla de los Elhúyar y el eminente Chavano juntos en el entonces seminario y ahora Universidad de la Tierra de Guipúzcoa, y dotó la plata necesaria para que levantara columnas la cátedra de Mineralogía y Metalurgia de la misma, donde decenas de bascongados y forasteros han adquirido conocimientos de

5

química, mineralogía, siderurgia y todo lo que comprende arañar las extrañas de la madre Tierra y convertir sus frutos en útiles para el comercio y la industria bascongada e hispana. Lo que estuvo a punto de no suceder de la forma más lógica, pues no bien el mundo conocía de la existencia del nuevo elemento nombrado por los Elhúyar, el monarca o en quien él delegare descubrió lo errado de su proceder al enviar a Juan José, el más avezado y experimentado de los hermanos, a Nueva Granada a cuidar, sirviendo no se sabe bien a quien o a qué, a una mina. No bien los pérfidos filibusteros ingleses dejaron de pulular por aguas que deberían ser de todos, un galeón prontamente lo trajo a tierras bascongadas, donde continuó enseñando y siendo admirado por propios y extraños hasta su muerte en 1796 debida, posiblemente, a la inveterada manía que poseía de degustar todas las sustancias que salían de sus crisoles zamoranos, y contra las que su ama y también su hermano no dejaron nunca de advertirle, como nos contaban los más veteranos del lugar en mi estancia, junto con mis hermanos, en tal Seminario. Tuvo una corta, pero fructífera vida, trabajando hasta el final en el Laboratorio de Nuevos Metales cuyas columnas se levantaron tras los descubrimientos de platina y volframio y que dirigió Chavano hasta volver, o ser devuelto por la fuerza, a su país de origen, una vez que tal país y el nuestro decidieron mandar a sus hijos a matarse los unos a los otros,

Fue en esa cátedra donde, a petición de su majestad Fernando el Séptimo, cuya vida y la de su esposa guarde Dios Nuestro Señor muchos años o los que tenga menester, se creó el primer imperdible volfránico.

Y no fue tarea fácil, porque los mismos hermanos Elhúyar, en el descubrimiento del que es ahora enseña y guía de los quehaceres de la industria del valle del Deba, ya mentaron la dificultad con la que se fundía el nuevo metal, mucho mayor que la de la alabandina, pero la buena ligadura que se formaba con hierro crudo o colado y lo frágil y quebradizo que, al amalgamarse con el antimonio, se volvía.

Y es una dificultad que bien conocen los señores ferrones vizcaínos y guipuzcoanos, que diferentes en habilidades y fuerza, todos a una siempre han llevado sus carretas cargadas de volframita a la cátedra para que hagan con ella lo que les plazca, siendo ellos incapaces de fundirlo y malearlo, tras serles entregado por mineros de Galicia y León, sabedores de que en nuestra tierra es donde mejores y más experimentados fundidores hay y del interés que pudiera tener la wolframita encontrada en sus tierras, interés del que ellos tenían noticia aunque no entendimiento.

Y por ello, lejos de constituir servilismo y afrancesamiento tal actitud, la Corona ha derramado sus dones sobre la ciudadanía esta vez concediéndole un objetivo en el que trabajar, un problema que tratar un, finalmente, ropaje que cerrar para que la Reina nuestra señora, o su recientemente nacida y augusta Infanta, no muestre sus dones más que en el momento y lugar que lo considere necesario y pertinente.

Y es que los imperdibles de latón e hierro son débiles, quebradizos y con una color que desmerece las galas y miriñaques de nuestra monarca. Y es que se buscaba una fíbula que fuera, a la vez que fina, resistente y duradera. Y no fueron otros que los actuales y meritorios catedráticos los que se pusieron a ello con toda la ciencia e industria de la que son capaces.

Y fue fácil la elección del volframio, una vez descartado el astunium, por ninguna razón otra que, al haber sido descubierto, en el lugar, eso sí, por un francés, el licenciado señor Proust, que le dio el nombre astunium por ser pesado como él solo, porque "Izena duena, da", y hasta que no se le dio un nombre vascuence, no existió el astunium. El Señor de lo Más Alto tenga en su gloria al mesié Proust, tras fallecer, rodeado sus amigos Elhúyar y Chavano, aquí, en el mismo lugar, enterrado como está no lejos de los crisoles y matraces que fueron su trabajo cotidiano y la gloria de nuestro pais, en Bergara.

Y podría haber sido el platino, que, en siendo también francés, tiene en sus orígenes la buena mano del difunto Elhúyar, aunque ya se usó tiempo ha para muchos menesteres religiosos y seglares, y habiendo vuelto nuestro amigo y nunca bien ponderado Chavano a sus cabales y también al lugar, tras haber pasado toda la guerra contra sus compatriotas en lugar desconocido, lo que le libró, quizás, de represalia o quién sabe si de otras cuitas, pero no habría sido un reto, así que los pupilos de la cátedra, los Munibe, Elhúyar, Argaiz, Prin, Zabaleta, y por supuesto mis sobrinos los Álava, se pusieron a la tarea de crear uno, quizás media docena, de imperdibles para nuestra querida Reina, a quien nunca le agradeceremos el haber acabado, junto con su egregio marido y por supuesto la ayuda de nuestros bravos militares que, con su arrojo y valor y por supuesto el mando de grandes como el Comandante Zumalacárregui, que luchó con denuedo vengando a su hermano Miguel Antonio, muerto por los absolutistas en prisión en el año 1814 y, desde entonces, el más liberal y querido por sus tropas, como yo mismo pude comprobar no hace tanto, en una visita a los barracones de su batallón en San Sebastián.

O quizás, olvidándonos de espadones, que no son el tema que nos ocupa, sería el eritronio el metal con el que harían tales imperdibles, elemento que el ínclito Manuel del Río aisló y que en nuestro misma cátedra de Metalurgia fue confirmado como tal, tras la negativa de los supuestos sabios europeos, que no veían en las muestras traídas de Nueva España novedad alguna, bien que no podían ver más allá de sus antiparras o no querían porque así se les había ordenado.

Y bien que se pusieron, y es prodigio que merece el ensalzamiento, por hilar tan fino el volframio, que pareciera que hubieran creado un ovillo volfrámico, porque, según cuentan más adelante en los Extractos de la Real Sociedad, crearon imperdibles que también son inexpugnables al orín, irrompibles y dignos, quizás, de una causa mejor que el simple ataharre de vestiduras, dignas y elevadas por regias, pero no por vestiduras.

Y es un logro que se añade a la industria guipuzcoana, que ya dio al mundo el acero cementado desde el mismo lugar que comentamos, Bergara, fábrica del señor Zabalo de la que todavía, en nuestros días, sigue saliendo acero para España, Europa y el mismo Reino Unido.

Y no nos cabe la menor duda de que la nueva cuadrilla de metalurgistas, estos nuevos caballeros metálicos, estarán ya elucubrando cuáles podrán ser esas misiones inéditas a las que podrán dedicarse y de las que daremos buena cuenta, en la medida que lo conozcamos y podamos contarlo, en estas páginas.

Por eso, cuando os pregunten qué ha hecho España por Europa, sólo tenéis que contestar "Mi señor, ha hecho Guipúzcoa".

JJ MERELO

1862, ESTAMPA 3: SE INAUGURA LA ESCUELA ESPECIAL DE ELECTRICIDAD, POR CAMILO VILLAVASO, EN IRURAC BAT

Y este mensaje acaba de llegar: en el momento que empiezo a escribir estas líneas se acaba de inaugurar la Escuela Especial de Electricidad en San Sebastián.

Porque las ciencias adelantan que es una barbaridad y en nuestra redacción ya somos capaces de conocer, quizás no de comprender, lo que ocurre en el ancho mundo en el mismo momento en el que ocurre. El telégrafo de Salvá no nos salvó de la invasión gabacha, si nos permiten esta pequeña chanza, pero sí nos salvó de males mayores, de las insurrecciones facciosas que salpicaban nuestros caseríos y valles y que, no bien se producían, eran podadas en agraz por nuestro eficaz ejército territorial. Nos cabe duda de que si a un solo invento, a uno solo, podemos agradecerle la paz y prosperidad que hemos experimentado en estos últimos veinte años bajo la dirección de la Regente y posteriormente de su hija, nuestra Monarca, ha sido a la chispa que transmite y que lleva la razón y la libertad a donde más se la necesita, razón y libertad que necesitan a veces los rifles de gente como el comandante Zumalacárregui del primer batallón de Guipúzcoa, que dio buena cuenta del cura Merino y cuantos chiquilicuatres como él intentaron, sin mucho éxito, sublevar a algunos elementos levantiscos y desafectos de los que, afortunadamente, pocos quedan ya.

Como podemos agradecerle a la Real Sociedad Bascongada de Amigos del País, que no sólo nos dio metales y glorias, sino también el lema de nuestra gaceta, que llega todos los días a su ciudad para que ustedes conozcan lo que sucede aquí en Bilbao, allí en San Sebastián y acullá en Vitoria.

Por ese telégrafo conocimos, casi al instante, las gratas noticias de los descubrimientos de menas de wolframita en nuestras posesiones de ultramar en la Conchinchina, presencia confirmada por los eminentes y doctos Eguía y Fernández de la cátedra de Mineralogía de la Universidad en Vergara, menas que alimentarán a nuestros señores volframones por años sin término y con ellos mantendrán la paz y aumentarán la prosperidad de vecinos al norte y al sur del Ebro y al este y el oeste del Deba. Y, un poco más tarde, ustedes a través de nuestra publicación.

Y este nuevo edificio viene ampliando el Instituto Provincial de Guipúzcoa con unas instalaciones en San Sebastián se añade otro vértice al triángulo arriastun vascongado, el triángulo de laboratorios, institutos, fundiciones, minas, que tienen en el volframio su centro y su razón de ser, volframio que, lejos de ser curiosidad y materia para fruslerías como imperdibles y agujas de punto, parece ser, según cuentan las malas lenguas, que es el alma de los cañones que nos dieron gloria en la misma Conchinchina, en Guinea y en doquiera que la estrategia y táctica ha decidido emplearlos, cañones salidos del triángulo, quizás un poco deformado por tanto ajetreo, del volframio, de la misma Placencia de las Armas y de sus alrededores, así que tengan o no el alma de volframio, su alma de cañón ha sido fraguada en el triángulo del volframio que ya llaman los paisanos arriastun, así que tanto da que da lo mismo.

En meses tendremos la primera promoción de egresados de este instituto, a los que podremos decir, como glosara nuestro compatriota Samaniego

...seguid, seguid la senda

en que marcháis, guiados,

a la luz de las ciencias,

por profesores sabios.

que, desde el corazón de Guipúzcoa, se esparcirán por el ancho mundo mostrando su industriosidad y su buen trabajo, *lan onari*, cuando veáis una máquina herramienta movida por la electricidad, un tendido telegráfico erecto y orgulloso, en cualquier parte del mundo, podréis decir, ufanos, "Buen trabajo de un guipuzcoano es".

1866 ESTAMPA 4: SE PRUEBAN LAS PRIMERAS BALAS CON NÚCLEO DE TUNGSTENO, POR REGINO DE BASTERRECHEA, PARA EL ECO BILBAÍNO

En estos tiempos tenebrosos, en que el arte de matar, sin ser considerado una de las Bellas Artes, sí es un arte aplicada, hay precisamente que aplicarse en hacerlo más y mejor que el que se encuentra enfrente con parecidas y aviesas intenciones.

Porque las reglas que rigen el orbe no las escribimos los vizcaínos ni el ser humano y, en estos tiempos más iluminados en los que nuevos aires de libertad soplan por todas las Españas gracias a la elevación al poder del Maestro Sublime Perfecto y también Excelentísimo Sr. Presidente del Consejo Juan Prim, que rige ahora con recta mano los destinos de nuestra patria, los vizcaínos y todo vecino de tierra de garbanzos tiene que ganarse la vida y la hacienda de alguna forma, aún a costa de crear artilugios que, eventualmente, acaben segando, pero quizás también salvando, vidas de otros hijos de la Naturaleza. Como dijo nuestro sabio Valentín de Foronda, citando a "aquél autor francés":

> ... que era cosa asombrosa que el arte de
> destruir a los hombres ensalce, y que se
> quiera suponer que envilece o degrada aquel
> arte que los conserva.

Y él sigue diciendo

> ¿Será más honroso tener un gran número de
> criados inútiles al estado, como cocheros,
> lacayos, peluqueros &c., o una fábrica en que
> se proporcione alimento a muchas familias?

y continúa, como es bien sabido, afirmando que

> ... el país bascongado es pobre en estos
> quatro bienes[territoriales, ganado, pesca y
> manufacturas] y demasiado rico en población
> [...] y su ha de haber consiste en un solo
> ramo, (aunque considerable), que es el hierro.

Siendo que estamos en tiempos más pródigos en metales, y, afortunadamente, no tan pobres, y habiendo el país bascongado dado lugar y origen al valle Arriastún, por no mencionar a los altos hornos que ya jalonan la periferia de nuestro Bilbao, no por tener esta piedra volframio origen en él, sino por ser el lugar donde en todo tipo de cosas se convierte, ¿no será obligación de los sabios, capataces, menestrales y señores ferrones volfránicos aprovecharlo todo ello para mayor lustre, gloria y felicidades de nuestra Monarca y, por ende, de sus súbditos?

Sirva esto como introito, o quizás disculpa, de la noticia que nos ocupa, que no es otra que la salida de la fábrica de

Placencia de los primeros proyectiles privilegiados con el marchamo o prueba de la misma y las pruebas de disparo hechas con las mismas. No hemos sido capaces de encontrar la carta de privilegio que los protege, pero los bautizamos como especiales aunque nadie ha sabido especificar su especialidad, porque se afirma que son capaces de penetrar chapas, corazas y cuanto obstáculo se ponga en su camino, cuando se disparen con un fusil tal como el Dreyse o Chassepot, al que se parece el que, efectivamente, usó el oficial que efectuó los disparos. En las mismas pruebas de la fábrica de Placencia, esta persona puede atestiguar que el hueco ocasionado en una pared de piedra fue como si una culebrina hubiera sido disparada, cuando fue un vulgar fusil de la fábrica de Oviedo el que lo expulsó.

De la misma forma que, en presencia de autoridades, capitostes y turiferarios diversos, nadie supo decirme quién, de entre todas las eminencias y profesores de Vergara, de San Sebastián, hasta de Bilbao, quién y dónde o qué grupo fue capaz de barruntar tal proeza metálica y de dónde salió. Nadie en todo el valle Arriastún, de Durango a Elgoibar y hasta Mondragón, escuchó disparos o martillazos, más allá de lo habitual, nadie vislumbró carros y carretas cargados hasta las trancas entrar y salir de ningún establecimiento ni un trasiego inusitado en la Cátedra de Metalurgia en Vergara.

Porque lo que pertenece y es propio de las meninges de las personas se puede ocultar mientras permanezca en tales meninges, pero cuando sale de ellas y, mayormente, cuando involucra trasiego y comercio, es difícil de ocultar. No pudo ocultarse durante mucho tiempo el Consorcio Armero del Deba cuando en los alrededores de la Casa de Unzueta cocheros y factores comparaban el linaje y la riqueza de sus señores, y de ahí que, unos meses antes de su anuncio, todos conociéramos qué artesanos y qué talleres iban a constituir el Consorcio y hasta cuantos reales aportaría la Corona para tal emprendimiento y cuando el señor Ajuria Atauri apareció por allí y qué comió y dijo. Y eso tratándose de un contubernio cuya ocultación no tenía más razón de ser que, quizás, el sustraerlo al conocimiento de facciosos y de algún carlista que todavía pueda quedar por estas tierras, que afortunadamente pocos son y los pocos que hubiere callados se hallan por lo que pudiera pasar.

Pero ningún signo ni rumor ha precedido a este anuncio, concluyendo, pues, que tales prodigios fueron obrados bajo tierra, cosa comprensible, pues no cabe duda que nuestros enemigos de la patria, y nuestros amigos si se pusiera, y nunca mejor dicho, a tiro, serían capaces de arrebatarnos lo que quiera que sea que haga a tales balas especiales, que es mucho, porque jamás se ha visto un proyectil igual. Como no se vio aleación de acero y volframio igual antes de que Delhúyar dijera

> ... con el hierro crudo o colado [...] dio un
> boton perfecto, cuya fractura era compacta ...

sin que esto tenga nada que ver con los proyectiles que nos ocupan, que son de color blanco gris, de forma como de una tubería con un a modo de ojiva en el extremo superior y varias estrías en el inferior, y muy pesadas, tanto que pareciera que algo más pesado que el plomo, el mismo astunium, entrara en su composición.

Estando visados tales proyectiles por la fábrica, que ya realiza tal labor para muchas armerías de Portugal, de Francia y de la misma Bélgica, ya podrán ser vendidos y usados en todo el mundo, por lo que las fábricas de Ermua, Eibar y Guernica no darán abasto para proporcionar a la clientela lo que desean.

1873 ESTAMPA 5: AMADEO DE SABOYA INAUGURA LA EXPOSICIÓN INTERNACIONAL DE SAN SEBASTIÁN, POR D. BENITO DE ALZOLA Y MINONDO, DEL DIARIO DE SAN SEBASTIÁN, PERIÓDICO DE NOTICIAS.

Que al lector no le quepa la menor duda de que esta exposición universal será recordada en los años venideros como la mayor, la más importante, la que mayor número de prodigios ha mostrado al público, que hoy, el primer día, se agolpaba con entusiasmo en las tres grandes cancelas de entrada, a pesar del calor, inusual para un día seis de Julio, imperante en nuestra ciudad, aunque afortunadamente atemperado por una agradable brisa procedente del Cantábrico, al lado del cual se sitúa el recinto de la Exposición Internacional.

Previamente fuimos testigos de la recepción de objetos que participarían en la exposición, procedente de comerciantes de toda la tierra Guipuzcoana, de Euscalherria, de nuestras colonias en la Conchinchina, Marruecos y Guinea y de las recientemente independizadas república de Cuba y de Filipinas. La paz de nuestro presidente Prim y de nuestro soberano Amadeo de Saboya ha traído prosperidad a todas las Españas y todos los pueblos que de ella dependen, o dependían, y no hay mejor combustible que la paz para que arda el fuego de la imaginación y la laboriosidad que comerciantes y artesanos ponen en sus productos y bagatelas.

Pero de lo que no cabe duda es que, de entre todos los prodigios que allí se exponen, los que causan mayor admiración son los que proceden del valle Arriastún, que, a estas alturas de este afortunado siglo, alcanza ya a nuestra ciudad y al propio Bilbao, pese a hallarse a una distancia considerable del río Deba, distancia aminorada por los expresos que los unen entre sí en meras horas, como ya unen entre sí Azcoitia, Vergara, Eibar, Plencia, Ermua y todas las localidades de donde proceden los artefactos que han traído la alegría al hogar del vascongado y la riqueza a sus gentes.

Gentes cuyos representantes rodeaban la figura del Monarca y el príncipe de Asturias Don Manuel Filiberto, que, junto con los alcaldes, diputados generales, grandes maestros de las logias del Grande Oriente, autoridades civiles y militares, banqueros y presidentes de montepíos y jaunchos diversos y fueron recorriendo los diferentes establecimientos, admirándose de sus monumentos, sacudiendo manos y sonriendo sin mirar a ninguna dirección en particular. Grande y edificante espectáculo es, la admiración y apoyo de los próceres a la ciencia, el comercio y la industria, pero sobre todo lo es cuando esa ciencia y el comercio se airea y se muestra a propios y extraños, para inspirar a generaciones venideras.

Multitudes se admiraban ante máquinas herramientas que, según afirmaban carteles bien rotulados en su frontispicio, incluían fresadoras de carburo volfránico para crear los cañones más longevos y las piezas más precisas que necesita toda la maquinaria y las fábricas modernas.

Enormes motores eléctricos que emitían alegremente chispazos, colosos de vapor cuyas vaharadas sobrecogían a la multitud y cuyo propósito sólo se podía entrever y relucientes aparatos ópticos con lentes que podrían dejarnos ver la luna y las estrellas como si se encontraran en la cumbre del Urgull.

El Consorcio Armero del Deba, fue, sin duda, la estrella, mostrando en sus múltiples casetas, decoradas con carteles que proclamaban con arrogancia la precisión de sus productos y el éxito comercial entre el resto de las potencias europeas, relucientes revólveres con cachas bellamente repujadas, proyectiles tan plateados y brillantes como precisos y fusiles que, al parecer, son capaces de disparar más lejos y penetrar más allá que cualquier mosquete fabricado en Seffield o en Lieja y, para compensar tanta letalidad, bellas telas de Vergara, damasquinados y las más cómodas diligencias para trasegar por caminos y carreteras donde el ferrocarril sea incapaz de llegar, que todavía son muchas y variadas en nuestra tierra.

Tras el recorrido por la exhibición estática, todos nos volvimos hacia la Concha, donde tuvo lugar la parada naval, incluyendo los globos procedentes de nuestra vecina Francia, evolucionaban en el cielo de la Concha asustando a las aves y admirando a los paisanos. Tal desfile, entre navíos de muchos palos y poderosos buques de guerra de la Armada, tuvo como estrella el pequeño, misterioso y sigiloso sumergible del doctor Monturiol, dos de los cuales, recientemente adquiridos por la Armada, ya están operativos y navegando por sabe Dios donde. Delante de nuestros ojos, los dos sumergibles, Libertad e Igualdad aparecieron por babor de la isla de Santa Clara para aparecer por estribor, unos momentos más tarde. La guerras navales simuladas, que tendrán lugar más adelante, se podrán contemplar desde el monte Igeldo, pues tendrán lugar en mar abierto. Se espera que armadas de todo el orben acudan prestas a contemplar tal prodigio, que augura una nueva era en la que las batallas navales dejarán de ser los asuntos caballerosos que fueron en la época de nuestro Blas de Lezo para convertirse en juegos del escondite donde el que encuentra mata por la espalda.

Pero "asko hil eta gutxi zerura", mueren muchos y pocos van al cielo, así que en tiempos difíciles como los que nos toca vivir es mejor que el que tenga que morder el polvo, o el cieno del fondo del mar, según el caso, sea el impío y no el cristiano, y, como en el caso del sumergible del querido hermano Monturiol, el papel de la Real Sociedad Bascongada de Amigos del País, como de otras sociedades, no ha sido pequeño y es de ley reconocerlo aquí, en nuestras páginas, para todos nuestros lectores.

Pero más interesante que lo que existe y se puede ver y tocar, lo que se muestra en la exhibición de trabajos de los estudiantes de Ingeniería Mecánica y Eléctrica de la Escuela de Peritos de la Universidad de Guipúzcoa en Vergara es el futuro, un futuro imaginado y luego llevado a cabo por gentes como mi hermano Pablo, un futuro lleno de luz eléctrica, de rapidez, de unión entre los pueblos y las gentes a través del telégrafo y quién sabe qué otras artes, donde se construirán torres que llegarán al cielo con metales que resistirán al orín y a todo tipo de empujes y donde los navíos metálicos, movidos por motores a vapor o quién sabe si eléctricos o dotados de una fuente de energía más poderosa e inagotable, llevarán la civilización a todos los lugares del mundo, como ya sucede en Guinea y Conchinchina gracias al empeño, frugalidad y generosidad de nuestros granjeros e industriales bascongados, allí desplazados y que han vuelto brevemente para exponer los productos de sus exhuberantes granjas y ricas minas. Maravillas que, no nos cabe duda, estarán en nuestro futuro y, por ende, en el de toda la humanidad.

1893 ESTAMPA 6: LA CONCHA ILUMINADA CON BOMBILLAS DE FILAMENTO DE WOLFRAMIO, POR SERAFÍN BAROJA, PARA LA UNIÓN LIBERAL.

Los Easonenses y paisanos del resto del señorío de Guipúzcoa se pueden considerar los seres más afortunados del universo, y si no, del País Vascongado. A la donosura de sus gentes, la laboriosidad de sus trabajadores y la belleza de sus mujeres, se añade el talento de sus sabios y también la gracia de sus playas, admiración de propios y extraños, que todos los años, cuando entran las calores, bajan de los trenes en la estación del Norte o de los paquebotes en el muelle de Pasaia y, agitando abanicos y enarbolando sombrillas, acaban en nuestra playa de la Concha tomando baños y despejando esos mismos calores de sus canillas y, posiblemente, pantorrillas por el método de sumergirlas en el líquido elemento. Nunca más allá, porque *sua eta ura belaunetik behera*, como es bien sabido.

Y es que los forasteros siguen viniendo a nuestros hoteles, casas de huéspedes y, cuando el calor realmente aprieta, hasta a fondas y ventas. Todo barrio o caserío que se pueda alcanzar andando una distancia razonable para un adulto sano desde una parada de tren local o tranvía ha comenzado a ser sazonado de este tipo de establecimientos, y con ellos carteles y anuncios de las bondades de los mismos, su pretendida limpieza y la abundancia y calidad de sus comidas. El precio es sorpresa o premio que se reserva al atrevido viajero que llegue al lugar, equipaje a cuestas y la ilusión de, al día siguiente, viajar a la Concha.

Pero ya no tiene que esperar a las luces día siguiente. Gracias a la iluminación con que la corporación donostiarra ha festoneado todo el paseo de la Concha, desde el Casino hasta la Perla e incluso más allá, los bañistas podrán tomar las aguas noche y día, mientras que el cuerpo aguante e incluso vislumbrar, si las neblinas lo permiten, la isla de Santa Clara, a la que las potentes luminarias llegan, en días claros, y sin demasiada dificultad.

Para acompañarnos en esta primera iluminación de estas nuevas bombillas incandescentes, que así se han dado en denominar, nos ha acompañado Agapito Alberdi, ingeniero eléctrico de la General Eléctrica Vascongada sita en el Valle del Trápaga, quien, tras una llamada telefónica desde las oficinas de nuestro Diario, accedió a atendernos sin más coste que chiquitear tras el *tour* con cargo a nuestros dilectos lectores y la promesa de, cuando convenga a todas las partes, hacer lo mismo con mi al parecer conocido hijo Pío, que ustedes, por cierto, pueden leer esporádicamente en estas mismas páginas.

Antes del susodicho chiquiteo me expuso a qué se debía tan grande y clara luz y cómo estas bombillas eran muy superiores a las que en otros lugares se estaban usando. Mientras que en Europa y en los Estados Unidos de América, un tal Thomas Alva Edison consiguió que, finalmente, una lámpara incandescente estuviera encendida el tiempo suficiente como para que un lector de velocidad mediana pudiera terminarse el periódico del día.

Pero, según Agapito, esa permanencia era efímera comparada con la duración de los imperdibles volfránicos. Y estaréis preguntándoos a santo de qué viene ahora traer a colación a estos utensilios de la indumentaria. Pues los más viejos del lugar recordarán que los imperdibles, al parecer, se manufacturaron en grandes cantidades para suministro real pero que, una vez que la Corte recibió todos los necesarios para agarrar ropajes de todos sus cortesanos durante años enteros, nadie recordó anular los pedidos y por tanto los imperdibles siguieron fabricándose. Todo ello podía haberse convertido en un gran timo del nazareno si la corte no siguiera pagando, pero eventualmente, según nos cuenta nuestro corresponsal en el valle Arriastún, el nazareno sucedió a la inversa porque la Corte, que siempre paga lo que debe porque para eso es su prerrogativa imprimir el dinero, decidió un día que no sabía que hacer con tanto imperdible por lo que resolvió devolver al remitente los envíos. Tal orden no debió de llegar al Pagador Real, porque se siguió pagando y se habría seguido haciendo si no fuera porque su Excelencia el Señor Prim, revisó cuentas y pagaderas hasta que suprimió el fondo de los Imperdibles, el Fondo de Reptiles, y algunos otros fondos que eran, sin embargo, en muchos casos forraderas del fondo de los bolsillos de capitostes y amigachos diversos.

Sea como fuera, encontróse Vergara y su comarca con todo tipo de imperdibles, que al final no son más que una aguja torcida y de los pensamientos de un guipuzcoano, que no desperdicia nada, y de los susodichos imperdibles, salió aquella frase de

Sería una pena, además de imposible
que se perdiera un imperdible.

así que quién hizo anzuelos para las truchas, quién clavos para colgar el calendario zaragozano, y quién cadenas para atar bien atados mastines y podencos.

Pero hete aquí que llegó la electricidad y, siendo metales, alguien lo enganchó a un cable quién sabe si para que llegara unos codos más allá o poder evitar el quicio de una puerta, y se dio cuenta que, aparte de transmitir la electricidad, brillaba y emitía calor. Quedóse encima de las puertas como luz para los huéspedes, pero quemábase rápido.

Para hacer una larga, pero curiosa, historia, un poco más corta, cuando alguien leyó en la Ilustración Española y Americana sobre esas lámparas que venían de Prusia y de Francia se le ocurrió usar estos mismos imperdibles, y acabó con un anciano en Azcoitia que supo darle razón de quién sabía y entendía cómo volver a hacerlos. Así que los imperdibles, enrollados como rabo de gorrino y metidos en esa ampolla de cristal, son los que ahora adornan el paseo marítimo y brillan como pequeños orbes solares en la misma playa de la Concha.

Y fue cuando paseábamos por lo Viejo y con un poco de chakolina en nuestras venas cuando me contó como los guardias tenían que patrullar ante la fábrica día y noche, porque espías de todas las potencias y de alguna que querría serlo quieren hacerse con la fórmula, y que él mismo ha sido asediado y tentado con dinero y señoras de buen ver, pero que él patriota vascongado es y nunca dirá lo que sabe sobre las bombillas, que es mucho y variado y profundo.

1895 ESTAMPA 7: INAUGURACIÓN DEL ORBE Y FERROCARRIL AÉREO DE LA ISLA DE SANTA CLARA, POR D. RAMÓN DE SORALUCE PARA LA REVISTA EUSKAL-ERRIA.

Dícese que toda gran ciudad tiene un gran monumento que la identifique. Nueva York tiene su estatua de la Libertad, bien que no se encuentra en la ciudad y puede que ni en el Estado. París tiene, desde no hace tanto, una Gran Torre. Pero el señor Baedeker, en su guía traída y llevada por tanto forastero, dice de nuestra urbe.

La Ciudad Vieja contiene pocos objetos de interés.

Nunca más. No sólo podrá dedicar párrafos, quizás una página entera, a lo que nos ocupa en este artículo, sino que se lo quitará desde este momento a los monumentos mencionados más arriba, empequeñecidos ya por el orbe de nuestro paisano Alberto de Palacio, que, tras meses de obras, hoy ha sido descubierto en la isla de Santa Clara. Y no sólo se ha inaugurado tal cosa, sino que los convecinos ya nos podemos desplazar a admirarlo desde su misma base usando el nuevo y flamante ferrocarril aéreo que desde ahora atraviesa la bahía de la Concha.

Como todos los grandes proyectos de la humanidad, este comenzó en el año de 1894 con dudas sobre dónde aterrizaría el ferrocarril, qué sucedería con el fondeadero de buques y, también, la razón última: por qué nadie querría desplazarse a la Isla Santa Clara, donde pocos objetos de interés hay. Los mismos comerciantes y tenderos de la Concha expresaron su rechazo de la idea que alejaría a los forasteros y clientes de sus establecimientos para llevarlos no se sabe bien a qué en un islote. Pero cuando el eminente Sr. Palacio aportó artículos de prensa ilustrada que ensalzaban y elogiaban su Palacio de Cristal en Madrid y, sobre todo, su puente de Vizcaya, digno de admiración hasta para el propio Gustavo Eiffel, constructor de la torre que desde entonces lleva su nombre y presentó planos y maqueta del orbe que ahora descubrimos al mundo, la corporación municipal en pleno y a una buscó la forma de que tal proyecto se llevara a cabo lo antes posible, siendo además una forma de dar trabajo a ferrones y volframeros de toda la provincia y, por qué no decirlo, a familiares y amistades de los ediles que pareciera que, en siéndolo, se reprodujeran tales personas a su cargo con la misma facilidad que conejos en conejera.

Bien está lo que bien acaba, sin embargo, y la dual inauguración de ambos portentos comenzó en la estación del ferrocarril, más allá de la Perla, donde, erigido sobre pilotes que cruzaban la bahía, y poniendo un marco a la misma, la vía parecía una flecha que apuntaba al inmenso orbe, de más de doscientos metros donde, en relieve, se distinguen todas las tierras de nuestro planeta y, en diferentes colores logrados gracias a los metales que han dado nombre a nuestra tierra, el astunium, el eritronio, el volframio, nuestro país y sus posesiones resaltan sobre el ancho mundo, mostrando a todo el que se acerca donde el bascongado es capaz de llegar cuando se lo propone.

La corona del orbe fue objeto de muchas polémicas y argumentos, que desbordaron la corporación municipal para llegar a la prensa y de vuelta a la misma corporación. Pero, finalmente, todos estuvieron de acuerdo en coronarla con el objeto que reflejaba el espíritu y la ciencia guipuzcoana de forma más integral y verdadera.

Por ello, en la cúspide del planeta, y saliendo de su polo norte, se puede contemplar un imperdible. Comentan los ingenieros que, tratándose de tal estructura metálica y por su forma apuntada, es, además, un eficacísimo pararrayos, así que a su función simbólica se le auna una eminente función práctica.

Meros minutos, y sólo un puñado de pesetas, separan al turista que pasea por la bahía de admirar desde su polo sur este orbe y ferrocarril de la eminencia señor Palacio, que, desde hoy, se une a las maravillas que todo forastero en *Gran Tour* por Europa deberá visitar, so pena de perderse una de las grandes maravillas del mundo.

JJ MERELO

1911 ESTAMPA 8: VUELO INAUGURAL DEL "MANUEL IRADIER", DIRIGIBLE DE LÍNEA REGULAR SAN SEBASTIÁN-SANTA ISABEL, POR WENCESLAO ORBEA PARA NOVEDADES

Regocijémonos todos porque, desde hoy y quizás para siempre, nuestros compatriotas en Fernando Póo estarán más cerca de nosotros gracias al dirigible de línea regular desde nuestra misma ciudad a Santa Isabel en esa isla, allende los mares y en la provincia guineana de nuestro país, donde, como es bien sabido, los industriales, granjeros y mineros vascuences son, si no mayoría, porque no tengo las cuentas, sí los más laboriosos, probos y prósperos de la colonia. Y, entre ellos, mis paisanos de Eibar.

Por eso tiene sentido que, si se ha de inaugurar una línea de transporte desde la metrópoli hasta las provincias más lejanas, se haga desde nuestro país, desde el mismo monte Igeldo, y no desde otros lugares como Madrid o Cartagena desde donde el interés por trasponer a tales distancias puede ser inferior o incluso ninguno.

Sólo dos días, dos, se demorarán los viajeros en cruzar mares, desiertos, las civilizadas urbes de nuestras provincias en el norte de África y el vacío salvaje de las junglas del golfo de Guinea, hasta llegar a Santa Isabel, en la isla de Fernando Póo, desde donde, por barco o tomando otro dirigible Torque, se podrán dirigir hasta el continente si es que ese es su destino y así lo desean. Donde antes se tardaba meses enteros, ahora son sólo horas, donde antes había que sufrir las incomodidades de un vapor o la lentitud de un velero, ahora el comfort de un wagon-lit transportado por el aire. Y todo por el mismo precio de un vapor.

El tradicional corte de la cinta con los colores de la ikurriña ha tenido lugar tras un sentido *aurresku*, y lo ha realizado sido el presidente foral, Serafín Baroja, acompañado del resto de los diputados, del Señor Rector de la Universidad de Guipúzcoa D. Miguel de Unamuno y, en lugar destacado, el señor Ingeniero Evaristo de Churruca.

A tan sabio ingeniero vascuence, a él y al equipo de eminencias que dirige, se debe la estructura a la que los dirigibles quedan varados, una torre de setenta metros de altura, una pirámide que pasa de los cuarenta metros en la base, donde los pasajeros son recibidos amablemente, hasta los diez metros en la parte más elevada, donde efectivamente atraca el dirigible. Cuando llegamos a la inauguración, el gran globo, con aspecto de ballena si las ballenas flotaran en el éter, lo que no parece que vaya a suceder próximamente, y que, visto desde su proa, parece un gran trébol, se bamboleaba de forma indolente, esperando ser cargado con autoridades y curiosos, invitados a la visita que, naturalmente, no nos llevará hasta su destino, sino a un simple paseo por la costa.

Paseo que llevó a todos cuantos pudieron ocupar las ventanas y que fue regado con sidra de la cosecha y toda la bizcocha que pudimos deglutir. *Tour* desde el que pudimos ver, al principio, nada más desamarrarnos, el recinto de la exposición universal, donde figuritas pequeñas como laboriosas hormigas se movían, muy cerca del ferrocarril de juguete que parecía, junto con el orbe en la isla de Santa Clara, esa atracción de feria en el que los forzudos golpean una palanca hasta dar en la campana al final, forzudo que tendría el tamaño de un coloso y estaría en el mismo Ayete y que quizás podría haberse entretenido, entre golpe y golpe, en agarrar el dirigible que nos transportaba a modo de cachiporra.

Nuestro periplo, arrullado por los motores Hispano Suiza 7A de 140 caballos, continuó hacia el sur, con el sonido motriz bajando dos octavas debido al esfuerzo de superar el viento en contra, y en lo que se tarda en tomar unos piscolabis y hablar con un párroco, un gran maestre de la logia de Durango y un comandante del segundo batallón de Guinea, nos adentrábamos en el cielo de Azcoitia, donde el humo procedente de las fábricas y fundiciones, y en el que cabalgaban, quizás, los caballeritos a modo de espíritus o fantasmas que quisieran saludarnos o, simplemente, esperar a que nosotros, el país todo, les agradeciera haber llegado hasta este siglo como lo hemos hecho. Sea quizás un viento lateral o cualquier otro evento atmosférico, sea que el dirigible todo quiso reverenciar a los caballeritos con un aurresku, hubo un pequeño cabeceo que se solucionó volviendo momentáneamente a nuestros asientos, donde fuimos agasajados, una vez más, por camareros, algunos de ellos fortachones guineanos, que en bandejas portaban los productos de la tierra para que nosotros, en el cielo, ascendiéramos a alturas todavía mayores con su deglución.

Que fue, por cierto, todo el gozo que pudimos extraer el resto del viaje. Al llegar a Vergara, con los aires calmados y el globo volando, finalmente, en línea recta, nos rodearon nieblas y fumarolas diversas que nos impidieron ver nada durante el resto del viaje, ni el Deba, ni Eibar, nada de ellos se reveló ante nuestros ojos; los humos que fluían de las chimeneas nos impidieron ver las fábricas, y los paisanos, que nos consta que se habían reunido en altozanos y atalayas para ver pasar a nuestra nave, se tendrán que contentar con ver las hermosas imágenes que ilustrarán las páginas 5 a 8 de este ejemplar de Novedades.

Fue en esta calma chicha cuando empezaron los discursos de los próceres. Aunque este cronista ha de reconocer que cayó en los brazos de Morfeo una o dos veces durante las palabras del Illmo. señor Baroja, no creo que tal discurso variara lo más mínimo del habitual en estos casos, mencionando la fe en el progreso, el futuro prometedor y la gloria del pueblo vascuence. Fui, sin embargo, despertado de mi sopor por la voz estentórea del señor Unamuno, despertador inmisericorde de generaciones de estudiantes en Vergara y aquí mismo, en la Bella y Espabilada Easo, justo a tiempo de oírle decir:

—Mientras Europa muge y marcha al trote para embestir su testuz en otro fragmento de Europa, yo les digo: ¡Que luchen ellos! Mientras tanto, nosotros inventaremos, y, en vez de quedar ociosos y desmirriados por la falta de empleo de nuestro ingenio, exploraremos, viajaremos y, sobre todo, viviremos mientras ellos se destruyen en cuerpo y en espíritu.

A lo que el gerente de La Exploradora, que también viajaba con nosotros, exclamó

—¡Con las armas que nosotros les vendemos!

Lo que despertó la carcajada y el regocijo de toda la concurrencia. En ese espíritu de jolgorio y buena hermandad, concluimos el viaje sin más novedad.

CODA

Este libro puede considerarse una precuela de Historia Lógico Natural, con quien comparte línea temporal, aunque los acontecimientos están totalmente separados.

También comparte espíritu: el de que los descubrimientos de este país sirvieran de algo, en vez de ser olvidados junto con las personas que los hicieron. Puedes adquirirlo, por menos de un euro, en Amazon

http://amzn.to/1U0KU5O